我是传奇

克里斯蒂亚诺·罗纳尔多

流年 著 锄豆文化 编绘

北京时代华文书局

图书在版编目（CIP）数据

克里斯蒂亚诺·罗纳尔多 / 流年著；锄豆文化编绘 . —北京：北京时代华文书局，2024.3
（我是传奇）
ISBN 978-7-5699-5397-8

Ⅰ．①克… Ⅱ．①流… ②锄… Ⅲ．①儿童故事－中国－当代 Ⅳ．① I287.5

中国国家版本馆 CIP 数据核字（2024）第 052757 号

拼音书名｜WO SHI CHUANQI
　　　　　KELISIDIYANUO LUONAERDUO

出 版 人｜陈　涛
选题策划｜直笔体育　徐　琰
责任编辑｜马彰羚
责任校对｜初海龙
封面设计｜王淑聪
责任印制｜訾　敬

出版发行｜北京时代华文书局 http://www.bjsdsj.com.cn
　　　　　北京市东城区安定门外大街 138 号皇城国际大厦 A 座 8 层
　　　　　邮编：100011　电话：010-64263661　64261528

印　　刷｜三河市嘉科万达彩色印刷有限公司　0316-3156777
　　　　　（如发现印装质量问题，请与印刷厂联系调换）

开　　本｜710 mm × 1000 mm　1/16　印　张｜2.5　字　数｜29 千字
版　　次｜2024 年 3 月第 1 版　　　印　次｜2024 年 3 月第 1 次印刷
成品尺寸｜170 mm × 230 mm
定　　价｜198.00 元（全十册）

版权所有，侵权必究

开篇

他是历史上最伟大的足球运动员之一，
他是全球粉丝最多的足球运动员，
他拥有着无数至高无上的足球荣誉，
他就是无数青少年的优质偶像——
克里斯蒂亚诺·罗纳尔多，
人们亲切地称呼他为"C罗"。

他是英格兰超级联赛、西班牙甲级联赛、
意大利甲级联赛、欧洲冠军联赛、欧洲杯等赛事的冠军获得者，
也是金球奖、世界足球先生等荣誉的获得者。
无论走到哪里，他都是万众瞩目的那一个。

然而，"罗马不是一天建成的"，
C罗能取得巨大的成功，
是他不断努力、刻苦训练的结果。

从2003年被世界知晓，到2023年已经38岁"高龄"，
C罗依然在不断地征服世界，创造着属于自己的奇迹。

贫穷少年，天赋尽显

葡萄牙有一个美丽的群岛，因为 C 罗，成了许多足球朝圣者的必去之地，这个群岛就是著名的马德拉群岛。马德拉群岛风景优美、气候宜人，被誉为"大西洋明珠"。**C 罗就是在这里出生的。**

1985年2月5日，C罗在马德拉自治区首府丰沙尔的尼尼罗门多萨医师医院出生了。这本该是一件振奋人心的事，但父母看着这个小男孩，却忍不住叹起气来。

　　原来，C罗是家里的第四个孩子。他的父亲曾经是一名军人，退役后找不到稳定的工作，靠体力劳动谋生，母亲四处帮工补贴家用。他们要靠微薄的工资养育四个孩子，真的太难了。

C罗的出生曾经有过一个小插曲。C罗的母亲知道自己怀孕以后忧心忡忡,担心没办法养育第四个孩子,于是她动了打胎的念头。她来到医院,对医生说:"我们家已经够穷了,不能再多一个孩子了。"医生却温柔地说:

> 这个孩子会带给你们无限的快乐!

就这样，C罗"有惊无险"地来到了这个世界。他的父亲非常崇拜当时的美国总统罗纳德·威尔逊·里根，所以给C罗起名为**罗纳尔多**。

C罗来到这个世界之后，他的父亲和母亲更加努力地工作，他的哥哥姐姐也早早地出去赚钱补贴家用，他们用自己的双手支撑着C罗快乐的童年。

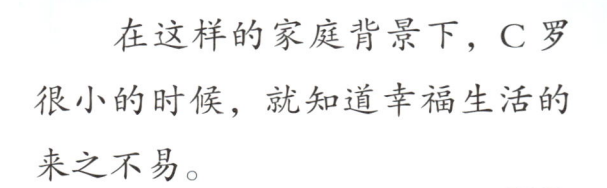

在这样的家庭背景下，C罗很小的时候，就知道幸福生活的来之不易。

因此，C罗无论做任何事情，都非常**刻苦和认真**，这也成为他身上最为高贵的品格之一。

C罗的父亲年幼时踢过足球，后来又在当地一家足球俱乐部打零工，还让当时球队的队长做了C罗的教父。因此，C罗从小就与足球结缘，常常跟着父亲到球队的训练场帮忙干活或者踢球，他也渐渐喜欢上了足球。

但艰苦的生活条件让C罗连得到一个像样的足球都很困难，离开训练场他只能踢塑料瓶或瓶盖。

有一年圣诞节，教父给C罗买了一辆玩具汽车，但小C罗并不开心，因为他只想要足球。

教父将这件事记在心里，第二年，C罗终于收到了一个属于自己的足球。

C罗把它当成最好的玩伴，不论走到哪里都会带着它。足球好像有一种神奇的魔力，牢牢地把C罗吸引住了。

在 C 罗的家乡，合格的足球场地很少，但这丝毫没有影响 C 罗踢球的热情。

C 罗和伙伴们会在崎岖的街道上踢球，虽然经常把自己弄得脏兮兮的，有时候还会遭到大人的训斥，可只要能踢球，C 罗就不会把这些事放在心上。

艰苦条件不能磨灭的，除了C罗对足球的**热情**，还有他的**足球天赋**。

在和伙伴们日复一日的踢球游戏中，C罗远超同龄人的球技逐渐显露出来，越来越多的人开始注意这个男孩。

战胜病魔，巨星出世

C罗的父亲也注意到C罗在足球上的天赋，于是，在C罗8岁的时候，他做出一个重大的决定：

让C罗成为职业足球运动员。

8岁的C罗很快就加入了父亲工作的安多里尼亚足球俱乐部，在这里他得到了更系统的训练，同时，他对于足球有了更加深刻的认识，对胜利的渴望也被一点点激发出来。

不管是日常训练还是比赛，C罗都希望能战胜对手，因此他训练得格外刻苦，从来不偷懒。

比赛的时候，C罗为了赢球，不停地朝队友们喊：

传球！快传球啊！

可是，队友们虽然比C罗大两三岁，技术和球商却不如C罗，有的时候并不能在合适的时机准确地将球传给他，甚至还会浪费他制造的进球良机。

C罗经常被他们急哭，小伙伴们都嘲笑他是"爱哭鬼"。其实，C罗不是娇气，他只是**太想赢了**。

是金子总会发光，C罗在足球场上的亮眼表现，引起了马德拉国民足球俱乐部的注意。这家俱乐部的青年队主教练正是C罗的教父，当他发现自己听说的那个天才球员竟然就是C罗，便立刻将C罗争取到自己的队伍中来。

就这样，C罗成为家乡顶级球队的一员，在更好的舞台上迎来了更多展示自己的机会。

C罗，加油！

射门！

到了国民俱乐部，C罗浑身有使不完的劲儿。**他不停地奔跑，不停地进球。**

C罗用一次次的精彩表现，向人们展示着他在足球场上的力量和决心。看过C罗踢球的人，都会忍不住为他鼓掌喝彩。

太精彩了！

不久以后，C罗的天赋又引起了葡萄牙体育足球俱乐部的注意。这家俱乐部位于葡萄牙首都里斯本，是葡萄牙最伟大的足球俱乐部之一。

随后，C罗得到了一次试训的机会，独自一人飞去了里斯本。这是他人生中第一次离开马德拉群岛。

在试训中，C罗将自己无与伦比的天赋与十分纯熟的技术展现得淋漓尽致，球场上的所有人都被他征服了。于是，葡萄牙体育足球俱乐部签下了当时还不满13岁的C罗。

就这样，C罗一个人背井离乡，在新的城市开始了新的生活。一开始，事情进展得并不顺利。新的学校、新的球队以及全新的训练方式，让C罗感到非常不适应。

> 哈哈哈，他的口音好奇怪。

> 就是。

C罗的葡萄牙语有浓重的马德拉口音，他一开口就会被小伙伴们嘲笑。每当这个时候，C罗恨不得立刻消失。

开始的时候，C罗经常和他们发生冲突。可是，他的反抗一点儿作用也没有，反而让他们笑得更加肆无忌惮。后来，C罗明白了，**只有自己变得强大起来，才能让嘲笑自己的人彻底闭上嘴巴。**

于是，C罗开始拼命训练。除了吃饭睡觉，其他时间，他几乎都在训练。**他要成为最好的球员！**

天赋加上辛勤的努力，C罗进步飞快。无论是技术还是速度，他都远超同龄球员，一颗属于葡萄牙足坛的**新星**正在冉冉升起。

此时，C罗的父亲和教练都坚信C罗会成为一名伟大的球员，甚至是世界足球历史上最伟大的球员之一。他们都对C罗的未来充满信心。

但他们万万没想到，一个可能会影响C罗职业生涯的坏消息即将袭来。

在一次训练中，C罗发现自己会时不时地突然心跳加速，而且会感到非常疲惫。他到俱乐部和当地医院做了检查，最终被确诊为先天性心脏病——心动过速。

这意味着C罗的身体不适合剧烈运动，如果不进行治疗，他就不能继续踢球了，他的职业生涯也会就此终结。

"医生，我这病能治好吗？"C罗不安地问。

医生看着眼前这个有些慌张的少年说：

> 当然可以，但你必须接受手术，而手术是有风险的……

> 我不怕！医生，请给我手术吧！不管结果怎样，我都不后悔。

就这样，2000 年 6 月，年仅 15 岁的 C 罗接受了心脏手术。幸运的是，**C 罗的手术非常成功**。

手术后没多久，C 罗就迫不及待地重新回到了球场。尽管俱乐部和他的父母都为他感到担心，但他还是坚持要恢复训练。

经历了这次挫折之后，C 罗更加珍爱足球这项运动了。他每天更加刻苦地训练，希望能在足球道路上走得更远。

皇天不负有心人，仅仅1年之后，C罗就连跳四级，成功跻身葡萄牙体育一线队，并且成为俱乐部历史上唯一在一个赛季参加过五种不同级别赛事的球员。

来自马德拉群岛的大男孩即将登上葡萄牙足球的最高舞台——葡萄牙超级联赛的赛场。而世界足坛历史，也即将迎来改变。

在代表葡萄牙体育一线队踢了一个赛季之后，2003年夏天，C罗迎来了一场改变职业生涯轨迹的友谊赛。

那是葡萄牙体育俱乐部为了庆祝新球场建成而举办的一场友谊赛，球队邀请的对手是世界足坛顶级俱乐部曼彻斯特联（简称曼联）。曼联当时的主教练弗格森在比赛中被C罗征服，最终支付1224万英镑得到了他。

很多人认为弗格森疯了，为了一个毛头小子，竟然花费了这么多钱。

但后来的结果证明，弗格森的决定是正确的。来到曼联之后，C罗逐渐成长为超级明星，成为世界足坛的宠儿。

然而，事情总不会那么顺风顺水，在 2005 年 9 月 6 日，C 罗的父亲因为常年酗酒引发的疾病而去世，年仅 52 岁。

这对于 C 罗来说是一个**致命打击**，他能够选择足球之路，离不开父亲的陪伴。如今 C 罗终于成为球星，可是他的父亲却无法看到他的精彩表演了。

每当回忆起父亲的离世，C 罗总会泪流满面。

父亲的离开让C罗更加努力。在曼联，C罗连续三个赛季帮助球队夺得英格兰超级联赛冠军。2008年，C罗获得**世界足球先生**和**金球奖**的荣誉，并且夺得了职业生涯首个欧洲冠军联赛的冠军。

紧接着，C罗一步步成长为世界足坛历史上最伟大的球员之一，成为优质偶像。

当然，这一切的背后，除了他的成长经历之外，他超强的自律能力也非常重要。

优质偶像，超强自律

从2003年加盟曼联，到2023年转战沙特阿拉伯足球联赛，C罗20年如一日，一直屹立于世界足坛顶峰。

对于一名足球运动员来说，过了30岁，不论是身体状态，还是竞技状态，都会开始下滑，这是自然规律，所以很多巨星在34岁左右的年纪就选择退役了。

然而，2023年，C罗已经38岁了，却依然处在**巅峰**，并且还在不断地挑战自己，获得荣誉。

媒体经常用这样的一句话形容C罗——"30多岁的年龄，却一直是23岁的身体"。但这样的身体条件并不是天生的，而是靠超强的自律能力打造出来的。

C罗刚刚加入曼联的时候，和其他队友比起来，身体显得很单薄，甚至有媒体戏称他一撞就飞。英格兰超级联赛讲究对抗，C罗这样的身体条件很吃亏。

意识到这一点后，为了增强对抗能力，C罗便开启了疯狂健身模式。每天除了常规训练以外，C罗至少还要花费一个小时的时间专门锻炼腰腹肌肉。

在这种高强度的训练下，C罗的肌肉变得越来越结实，没过多久，他就变成了**肌肉达人**，身体对抗能力快速增强。

转到皇家马德里足球俱乐部（简称皇马）之后，C罗不但没有松懈，反而练得更加疯狂。

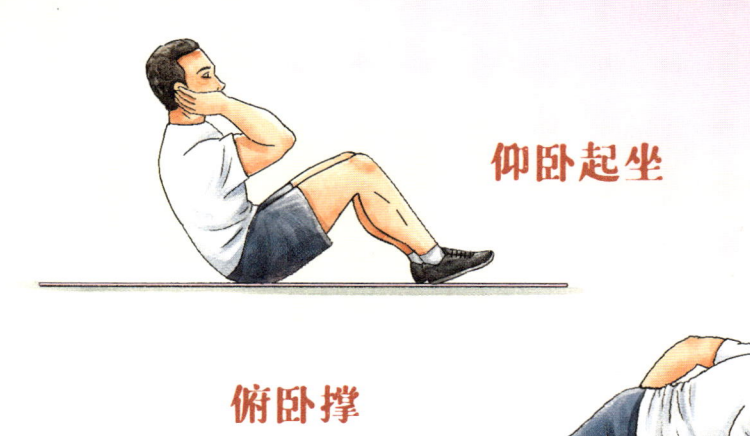

仰卧起坐

俯卧撑

C罗一直这样坚持着，20年不变。现在他依然拥有着紧实的腹肌和健硕的大腿。

男子职业足球运动员的体脂率通常在10%左右，但是C罗的体脂率仅有7%，即便38岁依然如此。所有和C罗接触过的人，都会被他超出常人的自律震惊。

很多工作人员都喜欢用"瑞士手表"来形容C罗的自律生活，因为这种手表非常精准。

在比赛由于新冠肺炎疫情而停摆的那个赛季，有些人觉得反正也不比赛，放纵自己也没关系。但C罗却在社交媒体上发起**卷腹挑战**，引得全世界球员与球迷纷纷参与进来。

C罗在休赛期经常带着家人度假。但即使是在度假，他也绝对不会松懈。出海时他的游艇必须配有设施齐全的健身房和用于放松肌肉的按摩浴缸，让他在游艇上也能像平时一样进行锻炼。

C罗不但自己锻炼,还喜欢拉着亲人和朋友一起锻炼身体。

有一次,C罗邀请队友埃弗拉来家里做客,埃弗拉非常高兴,可是他到C罗家才发现,在此做客太辛苦了。

因为C罗的午餐只有沙拉、水煮鸡肉和水,而且他还在餐后**邀请埃弗拉进行训练**。后来,埃弗拉在播客中开玩笑地说:"如果C罗邀请你们去家里做客,我劝你们还是别去了。"

C罗就像是一台永远不会停歇的机器，每天都会坚持训练。但除了训练以外，**他的自律还体现在作息和饮食上。**

　　为了让自己的身体和精神时刻保持最佳状态，C罗每天都要保证自己有充足的睡眠，无论工作和训练有多忙，他都强制自己**每天有8个小时以上的睡眠时间**。

　　C罗很少在晚上11点之后睡觉。他甚至给自己制订了睡眠计划，即使有时候工作太忙，无法保证晚上充足的睡眠时间，他也会利用其他时间来补足睡眠。因为他认为只有这样，才能保持身体的规律性和充沛的精力。

关于饮食，C罗更是自律到极限。他每天只摄取低糖、低脂肪、高蛋白的健康食物，偶尔吃上几口自己最钟爱的葡萄牙煎鳕鱼，就是对自己最好的奖励了。

除此之外，C罗这些年一直拒绝碳酸饮料，只接受鲜榨果汁和水。C罗还经常劝自己的儿子多喝果汁，远离碳酸饮料。

而且，C罗从来不抽烟，也很少喝酒，他总是能让自己**用最好的状态面对训练和比赛**。

C罗的自律生活在别人眼中，
不免会有些无聊和乏味，
但正是因为对足球的热爱、
健康的生活方式，
和对自己的严格要求，
C罗才能够从一个生活贫困的小男孩，
成长为世界瞩目的足球明星，
散发出属于自己的光彩。

如今的C罗风光无限，而这耀眼的光芒是C罗靠努力为自己赢得的。

　　我们欣赏C罗取得的巨大成绩，但是我们更欣赏他的努力拼搏、他的刻苦训练、他二十年如一日的自律，以及他为了自己热爱的事业奋斗终生的精神。

**一个无所不能的C罗，
是很多人学习的榜样。**

C罗

C LUO

葡萄牙

职业足球运动员

葡萄牙国家队队长

曾效力于葡萄牙体育、曼联、皇马、尤文图斯足球俱乐部

现效力于利雅得胜利足球俱乐部

世界足坛历史第一射手

欧冠之王

荣誉记录

体育名人堂

- 国家队：
  1次欧洲杯冠军　1次欧洲国家联赛冠军

- 俱乐部：
  5次欧冠冠军　2次西甲冠军　2次西班牙国王杯冠军
  2次西班牙超级杯冠军　3次欧洲超级杯冠军
  4次世俱杯冠军　3次英超冠军　1次足总杯冠军
  2次联赛杯冠军　2次社区盾冠军　2次意甲冠军
  2次意大利超级杯冠军　1次意大利杯冠军
  1次葡萄牙超级杯冠军

- 个人：
  5次金球奖　5次国际足联世界足球先生　4次欧洲金靴奖
  4次欧洲足联最佳球员　1次国际足联普斯卡什奖
  1次金足奖　1次世纪最佳球员

（截至2023年7月31日）

足球比赛

ZUQIU BISAI

足球比赛在哪儿踢？

正规足球比赛场地必须是长方形，边线的长度必须长于端线的长度。国际比赛标准足球场地长度为 100～110 米，宽度为 64～75 米。

足球比赛要踢多久？

标准的足球比赛持续时间为 90 分钟，分为上下两个半场，每个半场 45 分钟。每个半场结束后，裁判还会根据球员受伤、换人等实际情况增加一些比赛时间，即伤停补时。

如果规定时间内双方得分相同，则要根据比赛赛制，直接判定比赛结果为平局，或者通过抽签、加时赛、互罚点球等方式决出胜负。

球门

球门区

角球区
罚球区
罚球区弧线
罚球点
中圈
开球点
中线
边线
端线

100～110 米

64～75 米

一支球队在足球比赛中有哪些球员？

一支球队在一场足球比赛中会有首发球员和替补球员。场上球员不得多于11人，不足7人时则不能进行比赛。

比赛过程中，球队可以按比赛赛制规定的数目替换球员，但被替换下场的球员不可以再返回球场参加该场比赛。被判罚令其出场的球员，不能由替补球员替补。

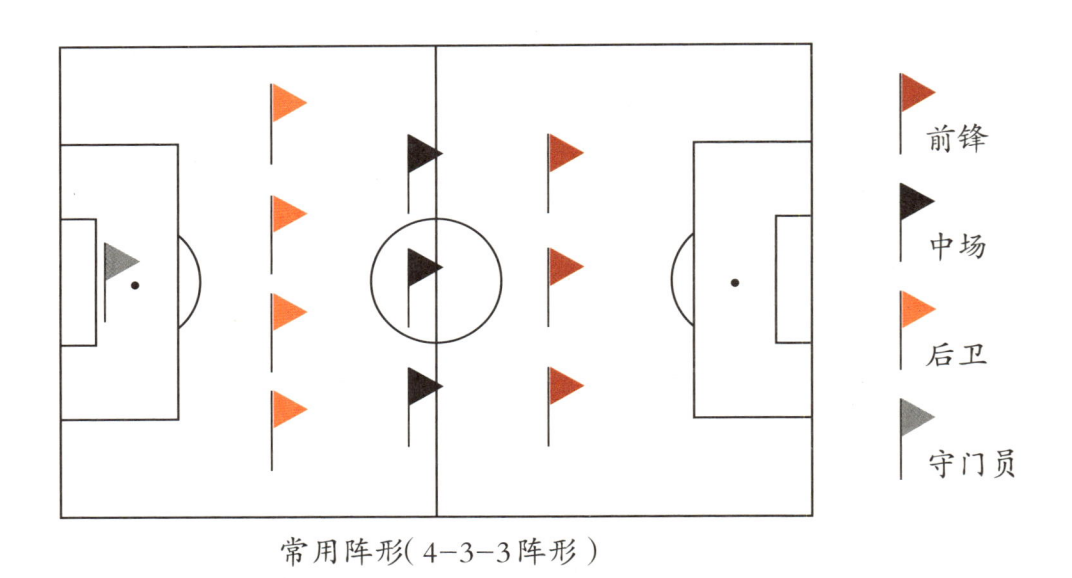

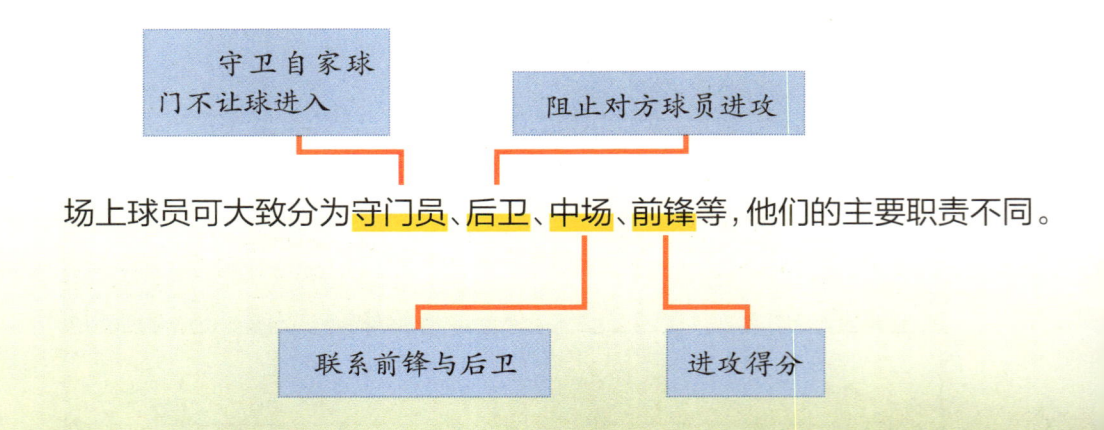

常用阵形（4-3-3阵形）

前锋
中场
后卫
守门员

守卫自家球门不让球进入
阻止对方球员进攻

场上球员可大致分为守门员、后卫、中场、前锋等，他们的主要职责不同。

联系前锋与后卫
进攻得分